Disney

FROZEN II

超级科学+系列

野外训练营

青橙/编著　杨鸿雁/译

華東理工大學出版社
EAST CHINA UNIVERSITY OF SCIENCE AND TECHNOLOGY PRESS
·上海·

剧情回顾

在艾莎掌管王国后，时间过了三年。这期间，艾莎不断听见来自北方的神秘呼唤声，并用魔力加以回应，却因此引发了风、火、水、土等元素精灵的躁动，王国内变得不再安全。艾莎为了寻找父母遇难的真相以及自己魔力的来源，与妹妹安娜还有朋友们一起离开阿伦黛尔王国，踏上寻找真相之路……

快跟随安娜、艾莎、雪宝、克斯托夫、斯特一起加入野外训练营，踏上发现之旅吧。

是什么促使探险家们选择背井离乡，踏上探险旅程的？探险家们会在沿途遭遇什么样的挑战？什么样的技术和能力可以帮助他们完成探险？探险又是如何推动新技术的诞生的？

探索前的准备

浏览本书封面

- 看看封面图片，你觉得它告诉了你哪些信息？
- 阅读书名，猜一猜这本书可能讲了什么内容。

翻开书看一看

- 目录包括哪些内容？其中你最感兴趣的话题是什么？
- 书里的哪张图最吸引你，为什么？

试着说一说

你喜欢探险吗？你有哪些野外探险的经历，或者看过哪些野外探险的故事？

目录

野性的呼唤

在阿伦黛尔王国，艾莎听到一个来自旷野深处的神秘声音呼唤着她。在现实生活中，虽然大多数人都不会听到幻想中的声音，但仍有许多人会被某种“声音”深深吸引，从而去探索、去冒险呢！让我们来了解一下这些人的特质吧。

好奇心的诞生

好奇心是一种想要认识或了解未知事物的强烈渴望。有些科学家认为，好奇心与饥饿感及口渴感一样，是人类的本能冲动之一。也有些科学家认为，好奇心之所以被激发出来，是因为人们遇到了跟自身的感知完全不同的事物。拥有了好奇心，我们便乐于去找寻问题的答案。关于好奇心的诞生，或许这两种原因兼而有之吧！

难以抗拒的挑战

20世纪20年代初，登山运动员乔治·马洛里陆续参加了三次攀登珠穆朗玛峰的探险征程。在一次采访中，有人问他为什么要攀登珠峰。“因为它就在那里啊。”他的回答简单明了。对许多人来说，这句话概括了让人类难以抗拒的探险欲望。

踏入未知的世界

曾有一家名为“火星一号”的公司，原本计划到2032年的时候，在火星上开拓出一块人类的聚居地。消息一出，竟然有4000多人报名参加这场异想天开的冒险——他们愿意将他们现有的整个世界永远地抛诸脑后！但“火星一号”公司在2019年初破产了。因此，这些想冒险的家伙们，只好到别处去聆听野性的呼唤了。

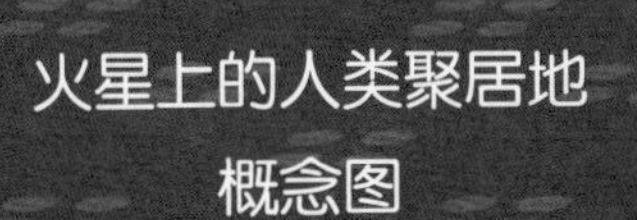

火星上的人类聚居地概念图

探险的动机

艾莎、安娜、雪宝、克斯托夫和斯特之所以离开家乡，是因为他们遇到了一些棘手的麻烦：火灵、水灵、风灵和地灵在魔力的影响下躁动不安，致使阿伦黛尔王国变得不再安全。他们想去探寻这背后的原因，并且寻求解决麻烦的办法。想一想，还有什么其他的缘由会促使人们启程去探索和冒险呢？

为了寻宝

有些探险家们寻求的是诸如黄金、白银一类的天然宝藏。在1500年前后，西班牙国王费尔南多二世派遣了被称作“征服者”的探险队。他们的任务就是到加勒比海和中美洲地区去寻找贵金属矿产。

银块、铜块和金块

为了开辟新的交通线

在世界地图被绘制出来以前，人们并不清楚他们所使用的交通线是否为最佳路线。为此，探险家们试图探索新的海洋和陆地的交通线。譬如说，欧洲的探险家们花了大约300年的时间，来找寻能够经由加拿大，连接大西洋与太平洋的海上通道。当时，他们不知道是否真的有可能找到，但是他们一直不轻言放弃。最终，探险家们破冰而出，找到了一条叫作“西北航线”的通道。

为了追求新知

有时候，人们探索世界是为了追求新知。629年，中国唐代的高僧玄奘开始了长达17年的取经之旅，去印度追寻佛教的真义。他最终取得六百多部佛教经典归来，并且将余生的全部精力都奉献在研究和翻译这些经典上。

中国西安的玄奘铜像

著名的探险家们

随着时间的流逝，大多数探险家都被遗忘在了历史的尘埃中。但是，有些探险家做出了相当的丰功伟绩，改变了人们对世界的既有认知，因此，他们将永远被人们铭记。快来认识认识他们吧！

张骞

公元前138年，使臣张骞从中国汉朝的首都长安（今西安）出发，踏上了寻求作战盟友的征程。他辗转数十年，出使之途充满了艰辛与磨难，但是在此过程中却意外地发现了一些原来不为人知的地域，由此开通了新的贸易路线——丝绸之路。丝绸之路是古代连接亚欧大陆的极为重要的贸易交通道路。

伊本·白图泰

14世纪，一位名叫伊本·白图泰的摩洛哥学者进行了长达三十年、纵横120000千米的探险。他通过海船、驼队和徒步，足迹遍布了44个国家。当他最终返回家乡后，他将旅行中的所见所闻撰写成了《伊本·白图泰游记》，这部书是世界探险文学的经典著作之一。

费迪南德·麦哲伦

1519年，葡萄牙探险家费迪南德·麦哲伦为了找到一条通往印度的新路线，组织了一次远征。过去，欧洲去往印度，都是按照由东往西的路线行走的，而这条新路线不同于以往，是从西到东的。这次远征历时三年，最终大功告捷——麦哲伦探险船队完成了地球上的第一次环球航行。但麦哲伦本人没有在这次征途中幸存下来——1521年，他在一次作战中不幸遇难了。

萨拉·帕卡克

萨拉·帕卡克是位当代探险家，她可能会被后世誉为最伟大的探险家之一。帕卡克利用卫星成像分析地表的地质和植物状况，从而发现了许多被人遗忘的角落，包括数千处古代的定居点以及一千多座未被发掘的埃及古墓。尽管她的考古和探险工作大多数情况下是在计算机实验室中进行的，但这位探险家正在改变着我们对于过往的认知。

吉萨金字塔群的卫星图

导航定位

当神秘的声音召唤时，艾莎明白她该向北而行了。我们知道，东南西北是空间的基本方位。在开启探险旅程前，探险家们必须知道自己身在何方、要去往何处。所以，探险家们必须学会使用导航，只有辨明自己所在之处，才能规划好路线，顺利启程。我们一起来看看古人是如何进行导航定位的吧。

指南针

指南针是一种装有磁针的用于辨别方向的工具，其中磁针所指的方向与地球磁场的北极一致。公元前200年左右，中国人便发明了指南针的前身——司南。1190年左右，指南针开始在中国以外的地区被广泛使用。指南针不仅是中国古代四大发明之一，也是世界探险史上最重要的发明之一。

北极星

北半球的人们在进行野外探险或航海活动时，可以通过北极星辨别方向。北极星位于地球地轴的北端，几乎在北极的正上空。夜晚，其他星星的位置会随着地球的自转而不断改变，而北极星的方位几乎静止不变，所以身处北半球的人们很容易辨认出北极星。只要找到了北极星，就可以借助它来确认方向了。

北斗七星

北极星

找到北极星最简单的方法是找到位于大熊座的北斗七星。北斗七星如同一把勺子，而北极星位于北斗七星勺口的两星向勺口方向的延长线上约5倍距离处。

六分仪和经线仪

除了通过指南针辨别方向，探险家们还会使用其他的导航工具：六分仪能够测量恒星和行星在天空中的相对位置，从而确定自身所处的纬度；经线仪是一种精密的定位工具，在航海时可以用于测量经度。综合使用这些导航定位工具，探险家们便可以放心大胆地踏上探险之旅了。

六分仪

地图的进化史

安娜和艾莎在她们父母遇难的船上，找到了一幅地图，它导向一个名叫阿塔霍兰的地方。一般来说，地图能够显示海陆的分布、地点的位置以及距离。航海图能够显示航道、海流情况、海底地形以及海岸线和港口的方位。如果某个区域未被地图标识，探险家们可能会搜集必要的信息来绘制一份地图，这也曾是探险活动的主要目标之一。让我们来了解一下从古至今，地图是如何进化的吧！

古老的星图

远古的星图

远古时代，人们就已经会用图谱描绘天上的星星了。在法国的一个洞穴中，墙上绘制的一幅星图可以追溯到公元前14500年。无独有偶，西班牙的一个洞穴的墙上所绘制的星图可以追溯到公元前12000年。

绘制地图

研究、绘制地图的学问叫作地图制图学。过去，地图都是纸质的，由地图制图员手工绘制；现在，人们通常使用由计算机软件绘制的电子地图。电子地图具有传统纸质地图无法比拟的优点，但为防止断电等无法使用电子地图的突发情况，在航海时依然会将手绘的纸质航海图作为备用品。

卫星图

从前，地图制图员必须亲自探索地球上的未知领域，才能绘制出他们所发现的地形，而且他们绘制出的地图可能不是特别精准。现如今，人造卫星环绕地球，拍摄地面的一切，并且生成精确的卫星图，我们借此能够准确地了解地球的大部分表面是什么样子的。

探险的交通工具

艾莎、安娜和朋友们在冒险途中使用了很多交通工具，有轮船、破冰船、雪橇……在真实世界里，也有很炫酷的探险交通工具哟！让我们来看一看吧。

"斯普特尼克1号"的概念图

宇宙飞船

第一艘宇宙飞船"斯普特尼克1号"于1957年由苏联发射升空。自那时以来，已经有数千艘航天器发射升空，进入了浩瀚无垠的未知世界。2003年10月15日9时，酒泉卫星发射中心成功发射了中国第一艘载人航天飞船——神舟五号。在不久的将来，宇宙飞船可能会把探险家们带去更远的地方！

深海探测

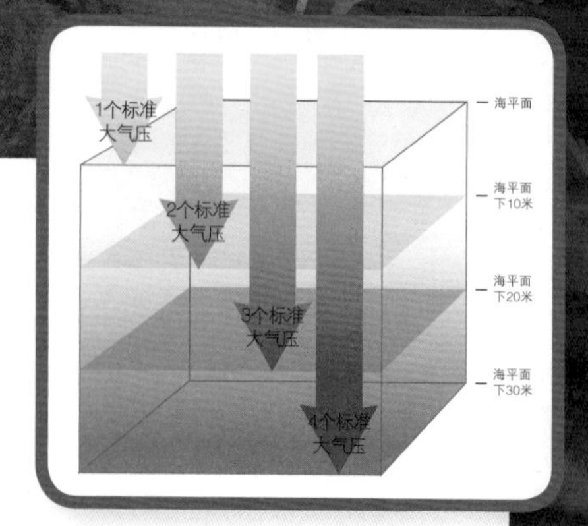

"蛟龙"号载人潜水器是第一艘由中国自主研发的深潜器。2020年，"海斗一号"无人深海探测器在马里亚纳海沟成功完成了首次万米海试任务，最大下潜深度10907米。同年，"奋斗者"号载人潜水器在马里亚纳海沟成功坐底，深度10909米，创造了中国载人深潜的新纪录。深海探测为什么如此不易呢？我们知道，海平面上的压强是1个标准大气压。水深每增加10米，水中的压强就增加1个标准大气压。在10909米的海底深处，"奋斗者"号受到的压强是海平面上的1000多倍。设身处地想想，这儿的压强该多大吧！

并不是所有的未知领域都存在于辽阔无垠的外部世界中。有些未知的领域就在我们的体内！微型机器人是人类一直在研发的一种极小的设备，它能够进入人体的血液并随之循环，收集信息，甚至做点小手术。相信在不久的将来，微型机器人就能协助医生和科学家研究我们的身体了。

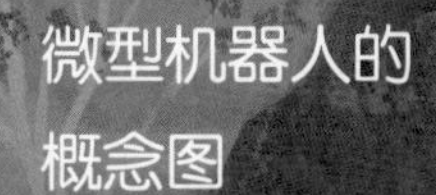
微型机器人的概念图

动物界的探险家

克斯托夫和驯鹿斯特始终形影不离。在历史的长河中，诸如斯特一类的动物也参与了人类的冒险活动。它们甚至是许多远征探险活动成功的关键！

伴我远行

动物可以帮助人们探索坎坷崎岖、偏远难及的地方。比如，人类仅仅靠步行很难在沙漠里跋涉，但骆驼的蹄子适合在沙上行走，因此骆驼可以载人穿越广袤（mào）的沙漠。再如，雪橇犬可以拉着载人雪橇飞快地穿过冰天雪地；稳健的骡子可以在炎热的天气里载着人们穿越大峡谷，助他们走过长长的、蜿蜒曲折的小径。

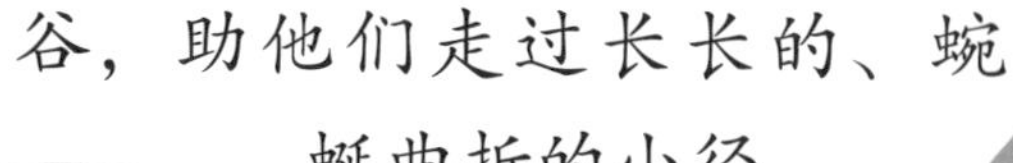

探险搭档

自古以来，马都是探险家们不可或缺的好搭档。马可以让人们走得更快、更远，并且可以帮人们驮运更多的物资。大约6000年前，野马就被人类驯化了，从此成为人类无数探险征途的成员。在现代，马儿们仍在为人类服务。曾经，有一位名叫冈特·瓦姆泽的探险家，骑着马儿从南美洲的最南端到了北美大陆西北端的阿拉斯加，全程跨越了25000多千米呢！

出海伙伴

许多动物都曾跟随人们出海探险。远航的船上老鼠泛滥成灾，船员们通常会养猫。另外，狗也很受欢迎，因为船靠岸后，狗能够帮助人们打猎。除了履行这些“工作职责”，动物们也是深受无聊、孤独的水手们欢迎的玩伴。

漂洋过海

为了到阿塔霍兰去，艾莎必须穿越危机四伏的暗海。她开动脑筋，借助工具，克服了这些潜在的危险。千百年来，航海探险者们的际遇也是如此。

疯狂的海盗

维京人的长船

从大约790年到1100年，来自斯堪的纳维亚半岛的被称为“维京人”的北欧海盗，纵横称霸了欧洲海陆。维京人驾驶着一种叫作“长船”的大型船舶大肆劫掠，侵扰邻国。在不具备现代导航仪器的当时，维京人依靠观察太阳和星星来辨别方向。他们也会观察鸟类和鲸类，因为鸟类和鲸类所栖息、活动的区域比较固定，因此也能成为有用的定位依据。

达尔文的航海之旅

1831年，博物学家查尔斯·达尔文搭乘英国皇家海军勘探舰“小猎犬号”，开启了为期五年的海洋测绘考察之旅。这艘船在许多地方停靠，包括位于太平洋东部，毗邻南美洲西海岸的加拉帕戈斯群岛。在那片群岛上，达尔文注意到当地野生动植物的一些不寻常的特征。他根据自己的观察总结，加上他祖父多年前所做的相关工作成果，提出了生物物种会随着环境的变化而演变的理论。这个理论成为了达尔文“生物进化论”的奠基石。可以说，这次航海之旅永远地改变了世界。

水肺

1943年，法国海洋探险家雅克–伊夫·库斯托和工程师埃米尔·加南发明了一套自成一体的水下呼吸装备，也就是水肺。水肺可以让潜水者们在们水下自由呼吸。在它的帮助下，人类的海底探险之旅又前进了一大步。

环球航海

波兰的女水手克里斯蒂娜，用了401天的时间，在海上环绕地球航行了约50000千米。她在一艘长约9.8米的帆船上，从位于非洲西北海岸的西班牙加那利群岛启航，横渡大西洋，穿越位于中美洲的巴拿马运河，随后进入太平洋，抵达澳大利亚。又从澳大利亚出发穿越印度洋，航行到非洲，最后在1978年4月21日返回加那利群岛。她是第一位不借助专业船队，仅仅利用帆船航海环游世界的女性。

冰雪王国

艾莎踏进阿塔霍兰的冰窟，随即进入了一个全新的、神秘的世界。古往今来，人们都被冰雪王国深深地吸引着。虽然人们在冰天雪地里遭遇过致命的危险，但是也取得了不少惊人的发现。接下来，我们就来看看探险家们是如何在冰雪王国中探险的吧！

向极地出发

地理意义上的北极和南极指的是地球的最北端和最南端。北极位于北冰洋，南极位于南极洲。要通过陆路到达南极和北极，人们必须穿越广袤无垠而又危险重重的冰天雪地。探险队第一次抵达北极点的时间是1908年或1909年（具体时间存在争议），探险队第一次抵达南极点的时间是1911年。

北极点

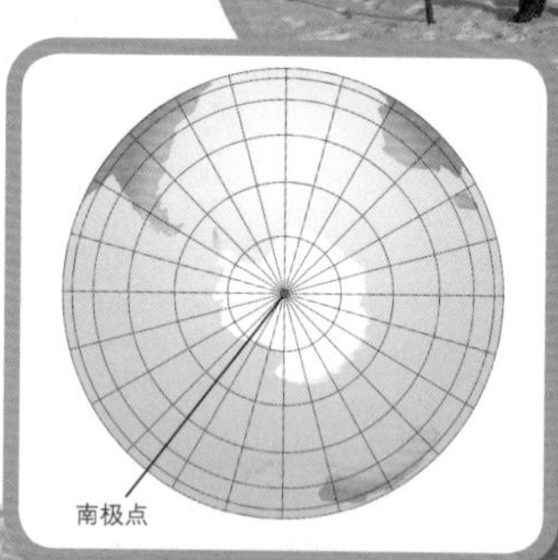

地理意义上的南极点

越野滑雪

1888年，挪威探险家弗里乔夫·南森率队第一次穿越格陵兰冰盖。这次探险之旅是以越野滑雪的方式进行的，全程450千米，持续了6个星期。探险队员们在沿途遭遇了刺骨的寒冷、持续不断的暴雪，还遇到了冰川裂缝。幸运的是，在这次探险中没有任何队员受重伤！

科考人员

南极洲吸引着许多科学家前来考察。目前，南极大陆上已建有几十个常年科学考察站。科学家们驻扎在这些站点中，研究冰雪、观测极低的气温对物体的影响、观察地球的地壳板块的移动、研究陨石以及南极的生物。科学家们还会研究深冰层中的气体含量，从而了解随着时间的推移，气候所发生的变化。

南极洲的科考站

南极洲的巴布亚企鹅

意外的发现

“当你觉得自己找到了前进的方向时，生活可能会将你带去另一条路。”站在篝火旁，马提斯中尉对安娜这样说道。纵观历史，探险者和冒险家都是为了追寻某样东西而踏上征途的，但他们中的很多人却因此发现了出乎意料的东西！让我们来看看那些意外的发现吧！

来自深海的惊喜

深海热泉喷口是富含矿物质的热流体从海底喷出的地方。1977年，科学家们为了寻找深海热泉喷口，向海洋深处发射了探测器。科学家们发现了喷口，也发现了一些令人惊讶的事情——喷口处生活着许多不需要阳光就能存活的生物！尽管不进行光合作用，这些生物却可以将化学物质转化为能量——这超出了人们过往的认知。这个出乎意料的发现改变了人们对生命本质的理解。

史前洞窟

1940年，一个名叫马塞尔·拉维达特的18岁男孩在法国蒙蒂纳克村附近的树林里探险。他无意中发现地上隐藏着一个洞穴。当拉维达特和几个朋友进入洞穴时，他们发现这是一个洞穴群，并且墙壁上刻着史前壁画。这些约两万年前的古老图像为科学家们研究古代文化提供了新的视角。

失落的天空之城

1911年，美国探险家海勒姆·宾厄姆前往秘鲁寻找一个叫作维卡班巴（传说中的古印加帝国的首都）的地方。结果他却发现了另外一座被遗忘的城市——马丘比丘。这座“失落的天空之城”也被称为山顶庄园，数百年间，在其原住民死亡或离开后，已空无一人，化作了断壁残垣，只有少数当地人还记得它。现如今，令人叹为观止的马丘比丘是秘鲁最热门的旅游胜地之一。

危险！危险！

安娜和雪宝正从一条河上顺流而下，忽然间，船被瀑布掀翻了！从冒险家们启程前往未知地域开始，他们便面临着很多危险。那么冒险家们可能遭遇什么样的危险呢？

瀑布

当水流流经一个较大的垂直落差，或一系列较短的、陡峭的落差时，便会形成瀑布。有些瀑布又短又细，有些瀑布则十分磅礴雄伟。马蹄瀑布横跨美国和加拿大边境，是尼亚加拉大瀑布的一部分，因形状像马蹄而得名。马蹄瀑布宽820米，从51米的高空呼啸而下，令人震撼。

海洋中的大漩涡

大漩涡是海洋里威力巨大的涡流。大漩涡中的水流旋转，形成一个中心漩涡眼，就像浴缸里的水被吸进排水孔一样。世界上最大的漩涡是挪威的萨尔特流，它存在于一条狭窄的水道里。萨尔特流大漩涡的形成与潮汐现象有关：上涨的潮水携着水流飞快地流经水道，蜿蜒曲折的水道使得这些水流快速旋转，形成一个直径达10米的危险漩涡。大漩涡中的水流速度可高达每小时40千米。

水下漩涡

萨尔特流大漩涡

海上飓风

长久以来，海上探险家们都必须想办法面对飓风等极端的天气状况。如果狂风暴雨肆虐，海上的船只几乎无能为力。这时，船员们会将船帆放下，将物品固定住，蜷缩在甲板下……然后就听天由命吧！

2004年，美国佛罗里达州东南沿海的4级飓风“弗朗西斯”的卫星图

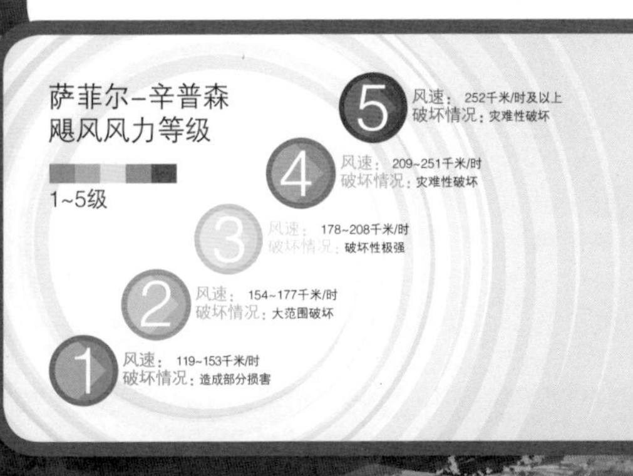

萨菲尔-辛普森飓风风力等级

洞穴探险

安娜和雪宝在洞穴里找到了一些带有魔法的线索，从中了解了阿伦黛尔的历史。现实中的洞穴虽然不具有魔法，却也十分神秘，让探险家们忍不住想去探索！不管洞穴在哪里，冒险家们都会想方设法地进入它的内部！

探洞设备

在进行洞穴探险时，探险者会使用特殊的设备来保障自己的安全。探洞专用头灯和充足的备用电池是非常必需的，因为洞穴里没有丝毫亮光！如果探险者打算在洞穴内攀爬，他们会带上探洞专用安全带和攀登绳。他们还会佩戴专业的探险头盔、手套，并穿着结实、防滑的长靴来保护头、手和脚。

猛犸洞

美国肯塔基州的猛犸洞是世界上已知最长的洞穴系统。目前这个洞穴已被探明的长度大约有640千米，至于它究竟有多长，至今仍是个谜。探险者们仍在持续不断地绘制这个洞穴系统新区域的地图。

探洞风险

洞穴内可能危机四伏，凶险异常！在探洞时，探险者很可能在里面摔落受伤，也可能迷路或被落石掩埋。如果洞穴内突发洪水，人们就很难逃生！在雨天，洞穴内的洪水如猛兽般汹涌而来，溺水事故的发生常常猝不及防。所以千万不要在没有经过专业训练和没有佩戴专业设备的情况下探索洞穴哦！

洞穴潜水

尽管很多洞穴内都有水域可供探索，但洞穴潜水是极端凶险的——没有充足的光线，遇到危险时也无法及时浮出水面。因此，在所有类型的潜水运动中，洞穴潜水的死亡率最高。请记住，探险者需要借助专业的设备，经过专业的培训，并拥有了专业的技能后，才可以进行洞穴潜水！

勇敢面对

探险家们之所以乐于挑战，是因为他们勇于走出他们的“舒适圈”。他们去的地方以及他们所做的事情在很多人看来是危险重重或者恐怖可怕的。因此，探险家们通常被称作勇士。但“勇敢”这种品质到底是什么呢？

悬崖跳水

勇敢是什么？

勇敢，对于不同的人来说有着不同的含义。它可能意味着要像探险家一样踏入未知的世界；它可能意味着要投身于险境，或者救人于危难；它也可能仅仅意味着采取一些看似微小的举动，譬如永远坚持自己的信念。勇敢既推动着日常行为，也能促进非凡之举。

恐惧源于大脑

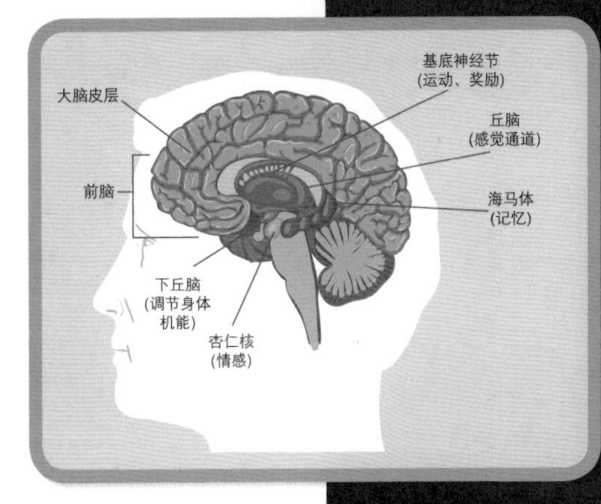

恐惧是人类对危险的反应，既属于情绪上的反应，也属于生理上的反应。恐惧感诞生于人类大脑中一个叫作杏仁核的部分。当恐怖的事情发生时，杏仁核会分泌出一些化学物质，这些化学物质会向人报警，预示不寻常的事情的发生，然后人就会产生恐惧的反应。如果杏仁核受损而不能分泌这些能报警的化学物质，人感觉到恐惧的可能性就会大大降低。但这并非什么好事。

系统脱敏疗法

有些人特别容易产生恐惧感，这可能是患上了恐怖症。一种叫作系统脱敏疗法的行为疗法，可以帮助这些人减轻恐惧感。系统脱敏疗法的大致操作如下：让恐怖症患者每次面对一点点他所恐惧的事物，当患者能够忍受之后，再逐渐增加强度，直至他可以接受。例如，要治疗一名害怕蜘蛛的恐怖症患者，可能会要求他先在脑海里想象一只蜘蛛。如果顺利，接下来就会给这名患者观看蜘蛛的图片，然后是视频，最后是真正的蜘蛛。如此加深尝试，帮助这名患者逐步地克服恐惧。

灾难来袭

当艾莎和安娜发现父母遇难时乘坐的船只后，她们亲眼见到了探险远征者的悲惨结局。船毁人亡或其他灾难都是人类探险史上难以避免的。踏上冒险之途，却在途中陷入绝境——这样的情况数不胜数。

太空灾难

1986年1月28日，“挑战者”号航天飞机从美国的佛罗里达州的卡纳维拉尔角航天基地发射升空。机舱中有七名宇航员，其中包括一名受过专门训练的教师。这些太空旅客们已准备好迎接即将铭记一生的冒险。但不幸的是，在“挑战者”号升空73秒后，灾难发生了：由于燃油泄漏，挑战者号爆炸解体，舱内的宇航员也全部遇难了。这次事故深刻地提醒了我们：危险总是伴随着探险的！

“挑战者”号上的遇难者

高空遇难

贝西·科尔曼是第一位拥有飞行员执照的非裔美国女性。她在1921年取得了飞行员执照，并在随后的五年中驾机翱翔于天空。1926年，她在试驾一架新飞机时不幸坠机身亡。贝西的离世是一场悲剧，但这位勇敢的探险家为后来的探险者铺平了道路。

沉船之都

美国的北卡罗来纳州外滩群岛外的海域被称作“大西洋坟场”。在这里沉没的船只不计其数，洋底深处遍布着船的残骸！危险来自因海浪和暗潮的涌动而移动的沙洲，船只很容易陷入沙里，造成事故。

沉船里的大西洋棘白鲳

极限之地

艾莎、安娜和朋友们在探险途中面临着极端的狂风、严寒和烈火。在现实中，真正的冒险家也无不面临着这些挑战，但好奇心仍促使人类去探索地球上的极限之地。

珠穆朗玛峰

珠穆朗玛峰是喜马拉雅山脉的主峰，位于中国和尼泊尔的边境线上，高达8848.86米，是地球上最高的山峰。珠峰峰顶的气候条件极其恶劣，风速可高达每小时280千米，温度可低至零下60摄氏度。峰顶的氧气极度稀薄，几乎无法满足人们正常呼吸的需要，如果不携带氧气瓶辅助呼吸，攀登珠峰的人极可能一命呜呼！尽管如此危险，登山者还是喜欢挑战珠穆朗玛峰。迄今为止，已有超过4800名冒险家登顶珠峰。

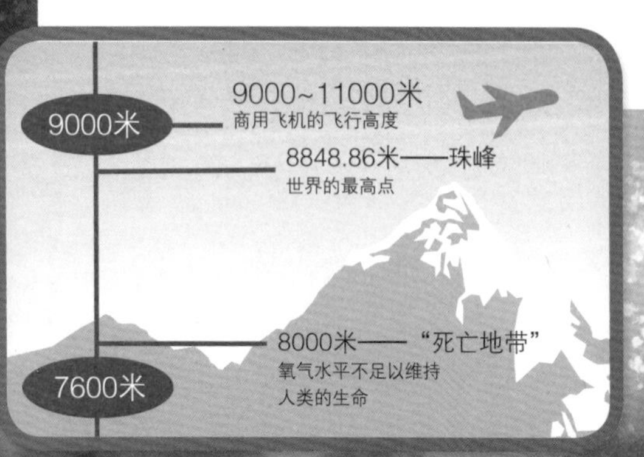

登山者戴着氧气罩攀登珠穆朗玛峰

肆虐的狂风

地球上平均风速最大的地方是南极洲的联邦湾。冷空气不断地从南极向外翻涌，日平均风速约为每小时80千米。澳大利亚的巴罗岛保持着最高瞬时风速的纪录。1996年4月10日，热带风暴“奥利维亚”在该岛肆虐，其风速高达每小时408千米。这是风速计测量到的除龙卷风外的最强的地面风。

基拉韦厄火山

从某种程度上来说，夏威夷的基拉韦厄火山是地球上最活跃的火山。这座火山从1983年爆发，连续喷发熔岩流长达三十五年之久，直到2018年9月4日，这次火山爆发终于结束了。在此之后，基拉韦厄火山依旧偶有喷发，但不乏乐于探险之人前来观赏。

神秘之所

魔法森林和阿塔霍兰是凡界和灵界的交会之处，充满了魔法。世界上某些地方的人们相信这种奇遇是真实存在的。许多人都曾到这些地方进行研究和考察，以期能够与未知的神秘之境邂逅。

巨石阵

巨石阵是英国的史前遗迹，它由一圈巨大的、矗立着的石块组成，每个石块高约4米，重达25吨。没有人确切地知道巨石阵最初的用途，人们推测它可能曾经被用于某种宗教仪式。现如今，仍有不少人认为巨石阵具有魔力，并相信它能以一种神奇的方式集聚地球的能量。

百慕大三角

百慕大三角是大西洋的一部分，曾有很多飞机和船舶在这里消失得无影无踪！有些专家认为，其实这片区域并没有什么神秘可言，因为没有任何证据表明百慕大三角地区的事故发生率比其他地方高。但有些狂热的信徒却认为导致飞机和船舶在百慕大三角失踪的原因可能与超自然现象的发生有关，比如外星人正在该地区巡察。但这些说法没有任何科学依据。

大扎亚茨基岛

位于俄罗斯白海中的大扎亚茨基岛上有史前文明遗迹，岛上散布着由成排的岩石堆砌而成的螺旋阵，形成了一座座神秘的石头迷宫。考古学家至今尚未探究出这些迷宫到底是用来做什么的。有人认为这些迷宫是通向地下世界的入口，也有人认为这些迷宫是用来举行宗教仪式的祭祀建筑。不过也有专家认为，这些迷宫并不魔幻，它们只不过是当时用来捕鱼的装置而已。

文化碰撞

安娜和艾莎一行人离开了阿伦黛尔，来到了北地人的居住地。起先他们双方都感到紧张不安，但不久以后，他们就开始信任彼此、通力合作了。历史上，探险者如果在途中遇上了其他族群，结局往往难以预料：有时候可能是好事，有时候却未必。

视角差异

欧美国家的历史书中，充满着关于发现“新大陆”的探险家的故事，但在这些“新大陆”上，其实原本就存在着已经生活了上万年的原住民。所以，这些大陆真的是被探险者们“发现”后才存在的吗？这就在于看待问题的视角了。这些被“发现”的地方对探险者（也可以说是侵略者）来说是“新的”，但对世代生活在此的原住民来说并非如此。到底该如何表达，这取决于谁是故事的讲述者。

协同探险

在1804年至1806年间，刘易斯与克拉克在时任美国总统杰斐逊的指派下成立了远征队，进行了美国国内首次横越大陆，西抵太平洋沿岸的往返考察活动。当地一位名叫萨卡加维亚的印第安女性，在此行的大部分时间中都跟远征队在一起，给他们当翻译。正是因为她的帮助，当地印第安部落对这支队伍的猜疑和戒备得到了缓解，远征队与当地印第安人建立了友谊。

利奥·弗里德兰德雕塑作品局部：描绘的是给刘易斯与克拉克探险军团带路的萨卡加维亚

传播理念

探险家们会在异国他乡接触并学习到很多不同的思想与理念，这其中就包括科学技术。随着探险家们的来来去去，这些科学技术也被传播到了世界各地。不同国家的世世代代的探险家们，都为现代科学技术的发展和知识的传播做出了贡献。

传染病蔓延

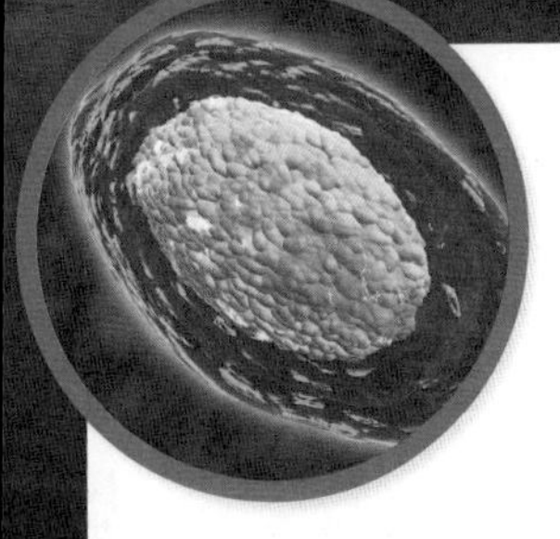

天花病毒的显微镜图

随着探险家们一起踏入这些“新大陆”的，还有一些稀奇古怪的病毒。当地人过去从来没有接触过这些病毒，对之毫无免疫力，并且他们也没有任何可抗病毒的药物。因此，传染病就如燎原般蔓延开来。在大约1500年到1900年的四百年间，90%的北美洲原住民都死于包括天花、麻疹、鼠疫、流感在内的诸多源于欧洲大陆的传染病。

魔幻生灵

到各地探险的人们经常发现，当地居民会信仰某些神灵，比如魔法森林中的大地巨人。也许探险家们认为这些传说纯属无稽之谈，但作为来客，他们需要对当地人信奉的神灵表示出一定程度的尊重。接下来，我们就来看看有哪些流传已久的传说吧！

日本京都的天狗像

天狗

日本的传统神话中有一种叫作天狗的神奇生物。传说中它们能呼风唤雨，招雷引电。一旦它们发怒，就会引发狂风暴雨，并将人们卷入旋风，抛入空中。同时，它们是森林的守护神，如果森林遭到伐木工人的破坏，它们就会狂躁不安。但如果伐木工人给天狗献上祭祀的食物，它们就能安定下来。

元素精灵

元素精灵是与土、水、气和火等自然元素相关联的魔幻生灵。很多人类的信仰体系中都有着元素精灵的身影，尽管它们在不同的地方有着不同的名称和形式。中国古代传说中的四大神兽——青龙、白虎、朱雀、玄武不仅对应着东、西、南、北四个方位，还对应着木、金、火、水这四种自然元素。

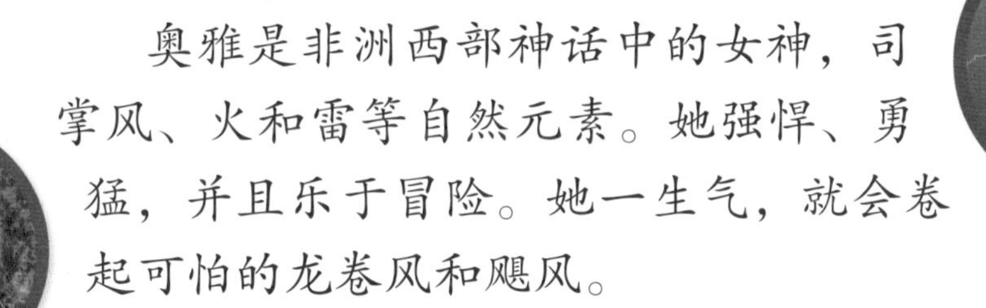

天气女神

奥雅是非洲西部神话中的女神，司掌风、火和雷等自然元素。她强悍、勇猛，并且乐于冒险。她一生气，就会卷起可怕的龙卷风和飓风。

北海巨妖

北海巨妖是斯堪的纳维亚半岛传说中的海怪。这种海怪身材庞大，形似乌贼。北海巨妖常潜伏在挪威和格陵兰岛的海岸附近，威慑着水手和船舶。正像许多其他的虚构神灵都来源于现实一样，北海巨妖的传说可能也是基于现实中的巨型乌贼。据说，巨型乌贼的身影遍布全球海域。有的科学家认为，巨型乌贼最长可达20米！

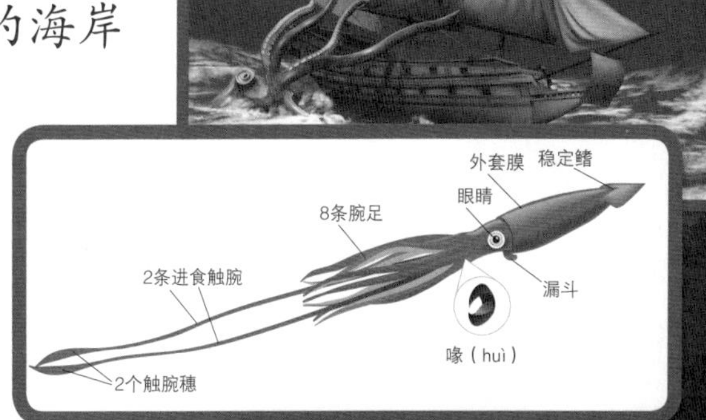

巨型乌贼的解剖图

探索永无止境

探险家从来不会停止他们探索的脚步！不管人们的足迹踏遍了多少山川异域，总还有更多的未知领域等待着被探寻、被发现，就如艾莎和安娜沿途不断发现的那样。冒险意味着了解新的事物，因此人类冒险的脚步将永不停歇！

去偏远区域

地球表面有很多极度偏远的地方，至今仍然人迹罕至，鲜为人知。格陵兰岛北部、南极洲的大部分地区和非洲纳米比亚的荒漠对于我们来说仍是未知的，茂密的亚马孙热带雨林中还有许多地方未曾有探险家踏足，还有好多山峰也还未被人类所征服。我们星球的探索事业仍然方兴未艾。

蒂普蒂尼河以及热带雨林，位于厄瓜多尔亚马孙流域上的亚苏尼国家公园

格陵兰岛的峡湾中漂浮的冰山

去大海深处

已经被人类探索过的海底区域大概只占海底总面积的5%。这意味着，还有95%的神秘海底尚未被人类涉足。在那里，一定有着精彩纷呈的自然奇观以及数不胜数的新奇生物。随着技术的进步，我们将利用更先进的技术去探索这些让人叹为观止的大海深处！

深海探测器

M81星系

猴头星云

去外太空

广袤的外太空有着无穷无尽的未被探索的空间。这是一片神奇的领域，人类的探索才仅仅触碰到它的一丝丝皮毛！在空间望远镜、光谱仪等先进设备的帮助下，科学家们得以了解我们的宇宙以及宇宙之外的空间。未来，人类将继续发射空间探测器和载人飞船，进入外太空去探索更多的奥秘。

踏上你的探险之旅

相信在艾莎、安娜和雪宝的带领下，你已经了解了很多关于探险的知识了。一次偶然的探险经历，也许只是随之而来的一连串探险的序曲。探险家们不断地将新的科技应用于探险勘查，人类的创新精神真是无穷无尽！

来吧，去解密世界上那些精彩刺激、遥远神秘的领域吧！你若有一颗充满好奇的心，这世界可供你探索的领域就没有止境！

想一想

读完本书，你是否已经了解了不少关于野外探险的知识呢？请从本书中寻找下面这些问题的答案吧！

1. 探险家们一般会在启程前做哪些准备？
2. 人类历史上有哪些伟大的探险家？请你说出三位，并讲述他们的故事。
3. 地球上还有哪些地方鲜少被人踏足？
4. 哪些科技可以帮助人们更便捷、更安全地去探险？
5. 人类究竟为什么要探险？探险又给人类的生活带来了哪些变化？

拓展阅读

《鲁滨孙漂流记》是一部关于冒险的经典名著，讲述了鲁滨孙在一次航海远行中遭遇风暴，只身一人漂流到一座荒无人烟的孤岛上，在克服了重重困难，生活了26年后获救的故事。感兴趣的话找来读一读吧！

写一写

现在，是时候去亲身体验一下探险了！先想想你愿意去参加哪些探险活动，再列一份探险计划书，请家长帮忙，让你的梦想成真吧！

我的探险计划

时间：

地点：

参与者：

携带的装备：

探险的目的：

可能遇到的危险：

我的应对办法：

图书在版编目（CIP）数据

野外训练营 / 青橙编著；杨鸿雁译. — 上海：华东理工大学出版社，2023.6
（超级科学 + 系列）
ISBN 978-7-5628-7068-5

Ⅰ. ①野… Ⅱ. ①青… ②杨… Ⅲ. ①探险－儿童读物 Ⅳ. ① N8-49

中国国家版本馆 CIP 数据核字 (2023) 第 074176 号

项目统筹 / 曾文丽
责任编辑 / 陈　涵
责任校对 / 章斯纯
装帧设计 / 居慧娜
出版发行 / 华东理工大学出版社有限公司
地址：上海市梅陇路 130 号，200237
电话：021-64250306
网址：www.ecustpress.cn
邮箱：zongbianban@ecustpress.cn
印　　刷 / 上海雅昌艺术印刷有限公司
开　　本 / 787 mm×1092 mm　1/16
印　　张 / 3
字　　数 / 32 千字
版　　次 / 2023 年 6 月第 1 版
印　　次 / 2023 年 6 月第 1 次
定　　价 / 30.00 元